U0257464

图书在版编目（CIP）数据

一粒米的故事／唐珂著．—北京：农村读物出版
社，2023.3（2025.2重印）
ISBN 978−7−5048−5840−5

Ⅰ.①一⋯　Ⅱ.①唐⋯　Ⅲ.水稻栽培−普及读物
Ⅳ.①S511−49

中国国家版本馆CIP数据核字(2023)第047200号

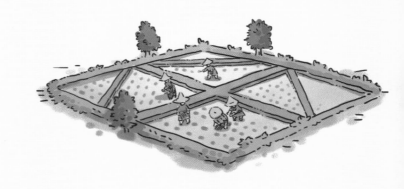

一粒米的故事
YI LI MI DE GUSHI

农村读物出版社出版
地址：北京市朝阳区麦子店街18号楼
邮编：100125
出版人：刘天金
责任编辑：王陈路
版式设计：李　爽　责任校对：吴丽婷　责任印制：王　宏
印刷：北京缤索印刷有限公司
版次：2023年3月第1版
印次：2025年2月北京第8次印刷
发行：新华书店北京发行所
开本：880mm×1230mm　1/24
印张：4
字数：100千字
定价：28.00元

著　　者：唐　珂
策 划 人：刘爱芳
编　　辑：沈国际　刘福江　居　立　毛志强
　　　　　刁乾超　庞乾林　刘婉婷　王陈路
　　　　　全　聪　任红伟　刘　叶　赵　硕
绘　　画：聂　辉　全心合　刘习文
审　　稿：中国水稻研究所

一粒米的故事

唐珂 著

农村读物出版社

中国农业出版社

北 京

前言

稻米滋养了培育它的中华民族，让中华文明之光得以焕发。一万多年以前，中国人找到了稻米这个神奇的植物，怀着吃饱肚子的希望，将其播撒在荒蛮的田野中。在阳光和雨水的抚育下，绿色的嫩芽破土而出，绿色成为金黄，金黄转为玉白，折射出奇迹的光芒。

四季轮转、千秋兴替之中，勤劳的人们日出而作、日落而息，让这粒神奇的种子，走上了近40亿人的餐桌，提供了营养，丰富了饮食。今天，当我们坐在餐桌边品尝大米做成的美食时，可曾想过，为什么中国人选择稻米成为主食？伴随着人类文明的发展，稻米经历了怎样的蜕变？小小的稻米蕴含着哪些历史、文化、技艺和科学知识？

稻米是娇气的，对培育它的田地有着严格要求，这使得一代又一代的中国人被牢牢绑在这片土地上。人们聚族而居，精耕细作地培育稻米的同时，精细地谱写中华农业历史，刻画出灿烂辉煌的中华农耕文化。在与稻米共生的悠悠万年里，将向往统一、追求安定、包容合作、勤劳尚简、和谐共生的文化基因刻进中华文明的血脉。

稻米种植是精细的，整地、播种、育秧、插秧、防治、施肥、收割，每一个环节都关系着一年的收获。其中，插秧的季节往往是多雨的，对于在稻田中辛勤劳作的农民来说，没有"雨蓑烟笠事春耕"的诗情画意，只有"雨从头上湿到胛"的冰冷劳累，以及"笠是兜鍪蓑是甲"的全力以赴。中华民族坚韧顽强、百折不挠的劳动精神，让中国这一片如画的山水，嵌入一块稻田，充盈着明亮而浪漫的诗语。

稻米是慷慨的，对精心培育它的人们，从不吝啬。隋唐以后，水稻成为全国经济的依赖，南方稻田产量可以达到北方旱田产量的两倍；到宋代，水稻甚至可以养活全国一半的人口。如今，稻米与小麦、玉米并称为三大谷物，是全世界绝大部分人的主粮。而中国已成为名副其实的世界第一稻米消费国、世界水稻生产大国、世界水稻科技强国、稻种资源富国、稻作历史古国。

本书是一本有关稻米文化的普及读物，也是对丰收的赞歌。主人公"小米粒"勇挑重任，串起一粒米的前世今生，将中国的稻文化历史娓娓道来，讲述农耕文明的故事，拉近读者与中华农耕文明的距离，引导读者尤其是青少年增强历史自觉、坚定文化自信，借助文化的力量塑造品格和价值观。

亲爱的小读者：

你好！

我叫小米粒，是一粒白白圆圆的大米，今年2岁，是稻米家族的代言人。我像石头一般坚硬，有着椭圆形的身材和像玉一般细腻的皮肤，是不是很美丽？请注意看，我的头上缺了一小块，这是我们从稻谷变成大米后形成的特征。

我的家是一株果实累累的水稻。这时我们还是稻谷的状态，是不是很漂亮？身为稻谷的我们披着两层衣服，最外面的一层叫颖壳，里面的一层叫米糠层。两层衣服脱去，我们才能变身成大米，头上丢失的那一块是我们的胚。

我有很多好朋友，最喜欢的要数农民伯伯。农民伯伯也非常喜欢我，他说，我和小麦、玉米一起并称为当今世界三大谷物，是全世界绝大部分人的主粮，对全球粮食安全有非常重要的影响。

我的家乡是美丽的中国。中国可是名副其实的水稻强国，水稻总产量世界第一，种植面积世界第二，单产水平高于世界平均水平50%左右。是不是很厉害？

我拥有穿越时空的能力，因此知道了很多不为人知的关于水稻的故事。你们有没有疑惑过：大米是从哪里来的，有着怎样的历史？这本书会告诉你答案。赶紧拉上我的手，一起从古代出发，穿越不同的朝代，见证中国水稻的历史变迁；回到现代，帮助农民伯伯一起种植一季水稻，见识中国水稻的科技进步。

你们的好朋友：小米粒

2022年9月23日

目录

水稻的现实

亲爱的小读者：

作为稻米家族的代言人，我要考考你：

地球上是什么时候出现水稻的？

人们是怎么发现水稻能吃的？

古人怎么吃水稻？

古代的水稻和现在的水稻长得一样吗？

水稻是怎么在中国传播开的？

这些问题，是不是有的回答不出来？让我们带着这些问题，穿越时空，前往考古现场，见证水稻的万年演变历史，了解水稻的故事。快来跟我一起出发吧！

水稻的历史

SHUIDAO DE LISHI

神话传说里的水稻

小米粒很想知道自己是怎么来到世界上的，查了很多书，请教了很多人，老一辈的农民伯伯口耳相传，稻米的祖先来历不凡。

运粮动物

陶罐

很久很久以前，洪水淹没了陆地，食物也被冲走了，人们只能饿着肚子。心疼人们的天帝派出许多动物，运送稻谷给大家吃。结果，只有狗成功将稻谷送到人们手里。原来，狗在水中游泳时，会将尾巴竖着，露出水面，这样粘在尾巴上的稻谷才没有被冲走。人们将稻谷做成米饭，终于填饱了肚子。后来，洪水退去，人们惊喜地发现，那些掉落在水里的稻谷竟然长成了秧苗，最后也长出了稻谷，而且稻谷长在稻茎的顶端，像极了稻谷粘在狗尾巴上的样子。

洪水

发现了吗？这些传说里都有"狗"的影子，我想这一定是因为成熟的稻穗弯弯垂垂，看起来很像狗的尾巴。

炎帝是农业先祖之一。有一天，他梦到天上有一种叫"稻谷"的植物，可以吃，方便种。炎帝就派他的狮子狗去天上取稻谷。

狮子狗来到天上，看到有天神把守稻谷，就跳入池塘把自己弄得湿淋淋的，然后，在稻谷堆里一滚，把稻谷粒粘在身上。

炎帝神农

天神发现后，穷追不舍，狮子狗只好跳入河中，身上的稻谷大部分都被河水冲走了，只有翘起的尾巴上留了几粒。这几粒稻谷就变成了百姓种植的水稻种子。

◆ 被祭拜的农神

在远古时期，人们认为土地里长出粮食是神仙的恩赐，需要经常祭拜，得到神仙的保佑，才能获得丰收。中国的古籍中就记载了多位农神，比如，炎帝神农氏、黄帝轩辕氏、教民稼穑的后稷、畜牧业的鼻祖伏羲氏、发明养蚕缫丝的嫘祖、治水的大禹……

后稷　　娅王

除了汉族有农神，其他许多民族也有自己的农神。在壮族传说中，娅王就是他们的稻神。娅王本是鸟雀之王，她派麻雀衔稻种送给人类，请雷王降雨方便人类耕田，让人们获得丰收。因此，娅王深受壮族人民的崇拜，后来被奉为壮族的稻神。

其实"后稷"是官职名称哟，用官职来称呼他，是为了表示尊重。

公元前7000—前5000年

◆ 河南舞阳县贾湖遗址

　　舞阳县贾湖遗址为国家重点文物保护单位，位于中国黄河中游地区。1983年开始进行贾湖遗址的发掘整理工作。考古人员对出土的遗迹标本进行浮选后，发现了大量炭化稻。

公元前7000—前6000年

◆ 湖南澧县彭头山遗址

　　国家重点文物保护单位。1988年开始进行发掘整理工作。考古人员除在陶片中发现大量稻壳和稻谷以外，还在遗址边缘的古河道淤泥中，出土了大量稻谷和稻米，形态完好无损。

公元前10000—前8000年

◆ 湖南道县玉蟾岩遗址

　　国家重点文物保护单位。发现于1988年。出土的稻壳重量约为0.03克，没有炭化，颜色为灰黄色，被称为湖南出土的最轻文物。

公元前11000—前7000年

◆ 广东英德市牛栏洞遗址

　　1996年开始进行发掘整理工作。考古人员在遗址发掘过程中发现了少量的水稻硅酸体。经鉴定，确认是迄今岭南地区最早的水稻遗存。

◆ 考古学家怎么找水稻？

　　考古学家在发掘遗址时，会仔细筛查现场的每一寸土，寻找水稻留下的线索。水稻留下的线索都有哪些呢？炭化稻、稻壳、水稻植硅体、压痕、稻叶等遗存都是。考古学家可以通过这些遗存，来研究这个地区的稻作文化，解密稻作农业的起源和发展。

公元前9000—前7000年

◆ 浙江浦江县上山遗址

　　国家重点文物保护单位。2000年发现。出土的镰形器、石片、石器等器物的刃部，有收割禾本科植物的微痕，并存在水稻植硅体，我们有理由认为这些石器是水稻收割工具。

公元前10000—前8000年

◆ 江西万年县仙人洞和吊桶环遗址

　　国家重点文物保护单位。1962年开始进行发掘整理工作。这里出土了大量的野生稻植硅体。因为多数是稻谷壳的类型，所以有专家认为这是人类最早食用野生稻的证据。

考古遗址里的水稻

　　听了这么多的传说，小米粒又想到一个问题：我是什么时候来到世界上的呢？于是，小米粒拜访了一位著名的考古学家。考古学家拿出了中国地图，告诉小米粒，他们通过发掘遗址、出土文物等考古活动，并结合现代科学的测定技术，发现：早在新石器时代早期，中国就已经出现了水稻的身影，中国是水稻的故乡。小米粒边听边将一些史前稻作遗址的所属时代、名称和概况记录下来。

为什么出土的是炭化稻？

新鲜稻

炭化稻

　　因为稻谷是有机物，长期埋藏于泥土之中会腐朽消失。而经过火的灼烧，稻谷被炭化成无机物后，便能够在泥土中保存万年，最终被考古学家发现。

玉蟾岩

12000 年前的稻作遗址

　　小米粒知道了自己的故乡是中国，起源于新石器时代早期的长江中下游，可是还有很多问题不清楚，比如自己的祖先是否和自己长得一样。为了找寻历史的真相，小米粒开启了时空之旅。

　　第一站，小米粒来到了1993年第一次发掘玉蟾岩遗址现场，湖南省文物考古研究所的专家正在发掘遗址。小米粒听说，这里可是自己的"老家"呢，因为玉蟾岩遗址是目前全世界已发现的最古老的稻作遗址，距今已有12000多年！通常我们都说中华文明"上下五千年"，如果从水稻栽培的角度来说，中华文化史已经上万年啦。

◆ 让水稻听话的法宝——驯化

　　野生稻的驯化是人类历史上的一项伟大成就。在自然状态下，野生稻的稻谷一旦成熟，便自然脱落，加上稻谷成熟时间不一致，人们难以获得所有的稻谷。幸好，大自然也为古人留下了解决之法：在野生稻的群体中，总有那么几株"特立独行"的稻，进化出不落粒的特征。细心观察的古人便采集这些独特的稻种，通过播种—选择—收获—播种，周而复始，野生稻经历漫长的进化过程，最终被驯化成功。

栽培稻

栽培稻：直立生长；谷粒大，单穗粒数多；生长周期短，更为重要的是，谷粒同时成熟，不会自主落粒。

野生稻

野生稻：匍匐生长；谷粒细小，稻穗粒数少；谷粒成熟时间不一，一旦成熟，就掉落到泥土中。

原来水稻的祖先叫野生稻，和栽培稻的样子略有不同。

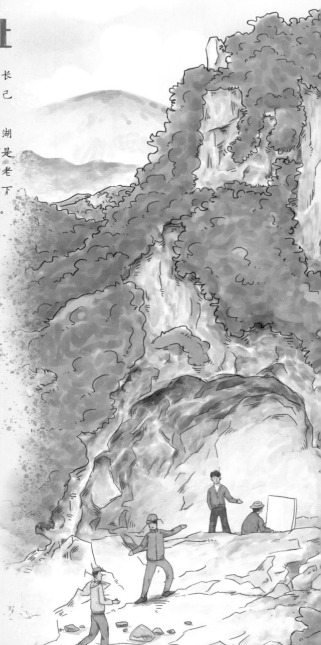

◆ 最古老的稻作遗址

　　玉蟾岩遗址位于湖南省道县，发现于1988年，1993年、1995年湖南省文物考古研究所的专家先后2次对遗址进行发掘，出土了大量的石器、陶器、蚌器、动物骨头残骸、植物种子以及稻壳。其中，考古专家发掘出4粒无芒的稻壳，在植物形态上已经区别于普通野生稻了，后来，专家通过科学方法分析，推定这是一种兼有野、籼、粳综合特征的，最原始的从普通野生稻向栽培稻初期演化的古栽培稻类型，将其定名为"玉蟾岩古栽培稻"。它的发现，证明中国目前是世界上最早驯化野生稻的国家。

玉蟾岩考古现场

10000 年前的稻作遗址

第二站，小米粒穿越到了2005年上山遗址的发掘现场。这个地方可不简单。它位于浙江省浦江县黄宅镇，自从2000年被发现以来，出土了近百件陶器，其中就有中国迄今发现最早的彩陶；这里还发现了栽培稻遗存……

考古专家对出土文物进行了科学测定，证明距今10000年，生活在这里的先民们不仅发现了野生稻，还会种植水稻，甚至会用石磨棒和石磨盘给水稻脱壳。小米粒不由地想：难怪上山遗址对于探寻新石器时代早期的农业文明意义重大，这里被公布为全国重点文物保护单位真是实至名归！

◆ 陶器里的稻壳

上山遗址出土的陶器大多数器型为大口盆。考古专家在出土的红衣大口盆等陶器中发现了很特别的东西——稻壳。它与同时发现的炭化稻颗粒一起，成为中国早期水稻耕种的最直接证据。

◆ 将稻壳变废为宝

上山遗址中许多陶器都掺拌了密密麻麻的碎稻壳，形成夹炭陶。为什么要在陶土中加稻壳呢？这是因为以植物为掺和料制作陶器：一可以减轻陶器的重量；二可以防止陶坯在烧制过程中开裂、破碎；三可以增加陶土黏性。

◆ 万年炭化稻

2006年，在上山遗址出土的炭化稻，长3.73毫米，宽1.67毫米，厚1.72毫米。经过1万多年的浸润，金黄色的稻米逐渐炭化，变成一粒黑乎乎的化石，倾诉万年前稻作文明的奥秘。

红衣大口陶盆

夹炭陶

稻壳

炭化稻

> 当时的上山人已经会脱壳食用稻米了，而且把稻米当作主要粮食。

上山考古现场

◆ 骨耜（sì）使用复原图

骨耜一般由哺乳动物的肩胛骨制成，用藤条固定木柄。使用时，手持木柄，推耜入土，然后手腕一翻，就能掀起土来。骨耜就像现代的铁铲一样，轻便灵巧，充分显示了河姆渡人的智慧。骨耜的使用说明河姆渡人已经拥有了一套完整的稻作农业体系。

河姆渡考古现场

河姆渡人的生活真丰富！

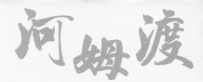
河姆渡
7000年前的稻作遗址

接下来，小米粒穿越到了1973年河姆渡遗址发掘现场，经过考古学家的发掘，大量的史前文物出土了：骨、陶、玉、木等各类材料制成的生产工具、生活用品、装饰工艺品以及干栏式建筑遗迹、动植物遗骸等。小米粒特别注意到，这里的稻米遗存格外丰富，形成了厚厚的堆积层，有的竟达50厘米厚！

河姆渡遗址位于浙江省宁波市余姚市河姆渡镇河姆渡村，被称为中国长江流域最重要的新石器时代文化之一，是中国南方地区史前农耕文化的杰出代表。它的存在，证明了长江流域和黄河流域同为中华民族远古文化的发祥地，改变了中国文明发展的认知。

◆ 陶片上的稻穗

在河姆渡遗址出土的稻谷经过鉴定，属于人工栽培稻。看，陶片上的纹式也印证了这一点：稻穗弯曲下垂正是栽培稻的一大特征。

◆ 稻谷堆积层

稻谷、稻壳、稻叶、茎秆交杂在一起，层层叠压，形成堆积层。稻谷出土时色泽鲜黄，甚至颖壳上的隆脉和稃毛都清晰可见。

5000年前的稻作遗址

这次，小米粒穿越到了5000年前的良渚（zhǔ），这里水网密布，气候温暖湿润。小米粒发现，相比于河姆渡人，良渚人种植水稻的技术有了很大进步，他们发明了不少农具，用石犁耕地，用石镰收割。除此以外，良渚的畜牧业、手工业快速发展，良渚人还建造了一座面积约3万平方千米的古城，呈现出一片繁荣的景象。

良渚遗址位于浙江省杭州市余杭区，最早发现于1936年，经过几代考古人的"接力"探索，大量的陶器、玉器、漆器、木器被发掘出来，古城、古城墙、古河道、古水坝等规模宏大的遗存被发现，展现在人们眼前的是一个发达、成熟的具有国家雏形的城邦文明，这是中华五千年文明的实证！

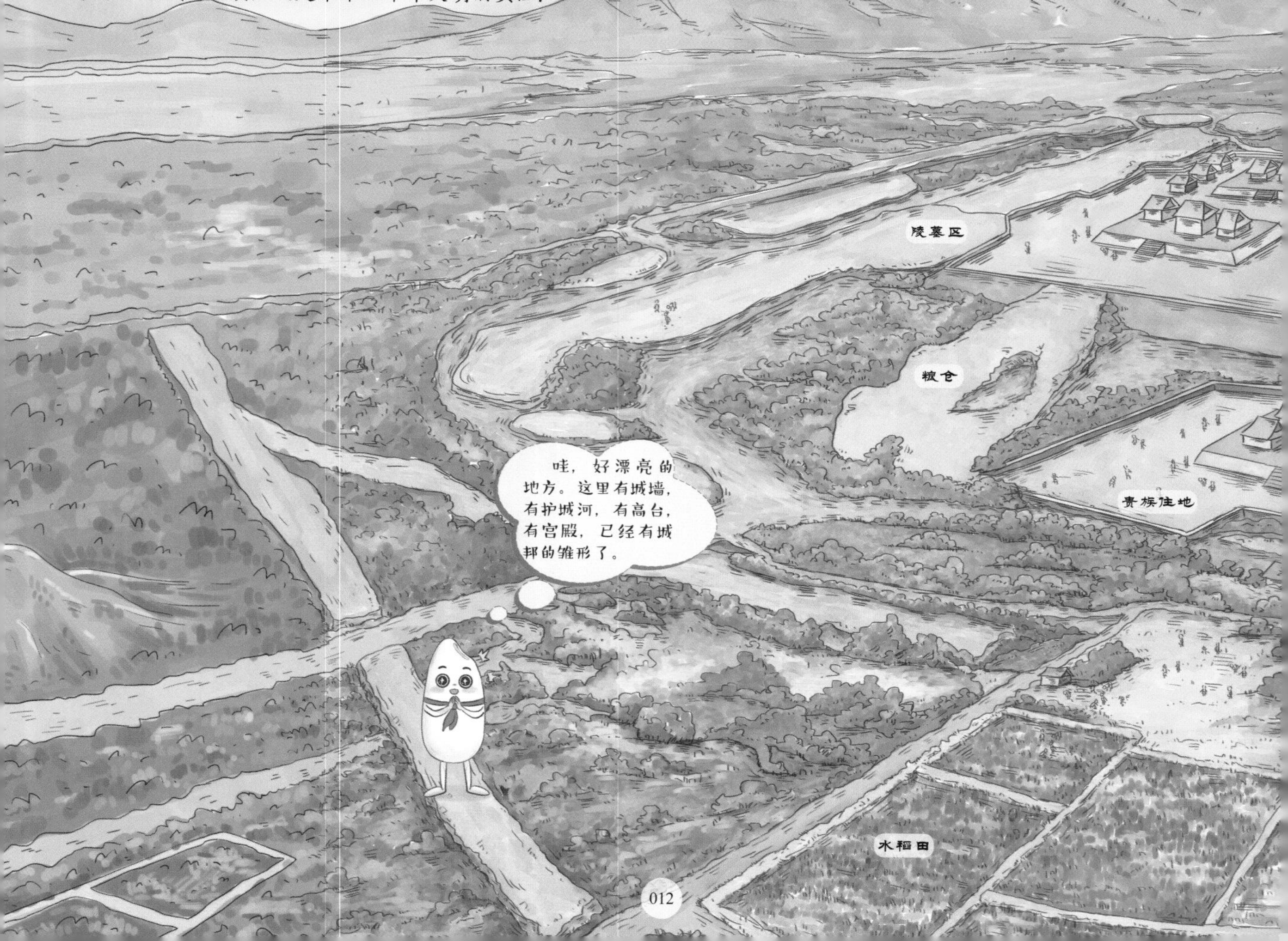

陵墓区

粮仓

贵族住地

哇，好漂亮的地方。这里有城墙，有护城河，有高台，有宫殿，已经有城邦的雏形了。

水稻田

✦ 方方正正的水稻田

在良渚遗址上发现了成片的水稻田，由灌溉水渠和田埂分割成长条形田块，面积在1000～2000平方米。总面积达55000平方米，差不多有8个足球场那么大。

这些成规模的稻田和灌溉系统基本上保证了田成方、渠相通、路相连、旱能灌、涝能排、渍能降，为稳定的稻作生产打下了基础。

✦ 失火的粮仓

良渚人以水稻为主食，水稻收割之后，会被存储在宫殿区南部的粮仓中。粮仓规模很大，专家推测，粮仓面积近1万平方米，能储藏180吨以上的稻谷。粮仓出土时，有几十吨的炭化稻被挖出来，专家认为，炭化稻数量之多，很可能与粮仓曾经失火有关。

这些黑色的颗粒好眼熟。

炭化稻

宫殿区

作坊与居民区

宝墩
4500 年前的稻作遗址

　　小米粒离开良渚，沿着长江逆流而上，来到了4500年前的宝墩。一座繁华的城池映入眼帘，3米多高的城墙可以有效抵御野兽攻击；居住的房屋由竹骨泥墙建造而成，冬暖夏凉；食物也十分充裕，稻谷是主要的粮食，富裕人家甚至能吃上猪肉和葡萄。

　　宝墩古城遗址位于四川省成都市新津区，是长江上游地区时代最早、面积最大的新石器时代古城。20世纪80年代以来，考古学家经过多次发掘和大规模的考古调查，最终确认宝墩文化为成都平原稻作文明的发源地，是古蜀文明的源头。作为古蜀文明的火种，宝墩文化点燃了三星堆文化、金沙文化诞生的希望，让古蜀文明成为中华文明多元一体结构中的重要一员。

稻田

◆ 不断迁徙的宝墩人

　　宝墩文化距今4500~3700年，已经发掘的宝墩遗址有近10处，零星地散落在成都平原上。为什么宝墩遗址分布如此广泛？这与宝墩人迁徙的习性分不开。其实，最初的宝墩人并不是土生土长的"宝墩"人，而是从营盘山迁移而来的。他们落脚之后，耕作、狩猎，过上了一段时间的富足生活。不过人口的增加和食物的减少，让宝墩人再次踏上迁徙的道路。在之后的800年间，宝墩人不断迁徙，足迹遍布整个成都平原。

◆ 改种稻谷

　　宝墩遗址是目前可知的成都平原最早的稻作文明遗址。不过，种种考古资料显示，成都平原的水稻是从长江中游传入的，宝墩人一开始种的不是水稻，而是粟。由于成都平原多水的环境并不适宜粟的种植，最终宝墩人开始种植水稻，从而获得了食物的保障，带来了人口的增长，导致聚落的扩大，最终推进社会的演进。

因为地广人稀，资源丰富，初到成都平原的宝墩人，可以种一茬水稻，换一个地方。可是，等到所有资源被消耗殆尽，宝墩人该怎么办？

粮仓

村落

这可是巴蜀地区最早的稻田和粮仓。

先进的种植技术

小米粒继续时空之旅，来到了黄河流域，夏、商、周等朝代的都城依次在此兴起。小米粒听说，水稻已经从长江流域传播到了这里，改变了原有的种植结构，成为"五谷"之一。黄河流域的农业迎来了全面发展的时期，农业生产工具、农田水利灌溉系统、农作物品种选育都不断进步。

钟 磬 鼓

籍田礼

怎么有人耕地还穿华丽的衣服？

这是帝王正在举行籍田礼。春耕伊始，天子率领百官和庶民在农田中亲自耕作。籍田礼是中国古代社会重要的礼仪之一，奉行了3000多年，体现了中国古代统治者对农业的重视。

◆ 不断进步的农具

随着青铜器、铁器的出现，夏、商、周各朝代的农具出现了重大进步，材质由木、石、骨等天然材质向金属转变，种类增加并愈加齐全。至周代，已有从事农业生产的成套基本农具，播种、农田管理、收割、入藏等过程均使用相应的工具。

木耜　石铲　石镰　骨铲　青铜铲　铁耙　铁铲　铁锄

◆ 多种多样的作物

夏、商、周各朝代的政治、经济重心在黄河流域，因此当时的粮食结构以旱作谷物为主。从甲骨文和考古材料看，商代的粮食作物有黍、粟、麦、稻、菽、麻等。

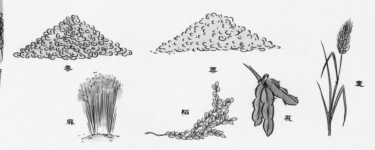

黍　粟　麦

麻　稻　菽

◆ 兴修水利

都江堰水利工程

战国时期，各诸侯国十分重视水利建设，水利工程的兴建推动了农业的发展。例如，秦国由李冰父子主持修建的都江堰，是中国古代水利史上最著名的工程，让成都平原成为沃野千里的"天府之国"。

花式种水稻

时光之河裹着小米粒前行，秦、汉、魏晋等朝代在中华大地上依次更迭，水稻的种植有了一些新变化：人们使用火耕水耨的方式耕田，进行水稻选种、催芽、移栽、植物保护、烤田，甚至出现了生态农业的雏形。

依据出土文物分析，我国东汉可能已经出现稻田养鱼的模式了。南北朝时期，北方的战乱导致人口南移，人们向南方迁移的同时带来了先进的农业技术，南方的稻作农业得到极大发展。

牛耕画像石

◆ 牛耕

陕西出土的牛耕画像石形象地反映了东汉时期的陕北高原已经使用二牛抬杠的耕作方式。牛耕技术萌芽于春秋，在秦汉时期被大力推广开来，提高了当时的农业生产效率。

◆ 稻田养鱼

东汉时期，汉中、巴蜀等地流行稻田养鱼，在稻田中饲养鲤鱼、泥鳅、贝类等水生动物。四川、陕西、云南、贵州等地出土的陂塘稻田模型，是我国稻田养鱼历史的有力证明。

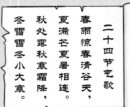

◆ 二十四节气

二十四节气是中国人创造的指导农事的历法，现已列入人类非物质文化遗产代表作名录。它的产生并不是一蹴而就的，从起源到确定，中国古人经历了长期的探索。可以说它是中国古人几千年智慧的结晶，一直到西汉《太初历》的发布，才算正式确定。

二十四节气歌

春雨惊春清谷天，
夏满芒夏暑相连。
秋处露秋寒霜降，
冬雪雪冬小大寒。

《二十四节气歌》大家耳熟能详，我也会唱。

◆ 为什么在洛阳建粮仓?

公元605年，隋炀帝迁都洛阳，并下令修建大运河。此后，处于隋唐大运河上的洛阳日新月异，成为重要的交通枢纽和政治中心，在这里建造大型粮仓保障了南粮顺利北运。唐朝的都城是长安，而洛阳正好可以连接南方粮食产区和都城长安，粮食仍然可以通过隋唐大运河和陆路进行运输，十分方便。

公私仓廪俱丰实。
稻米流脂粟米白，
小邑犹藏万家室。
忆昔开元全盛日，

【唐】杜甫
忆昔

这首诗描写了昔日的洛阳城粮食充盈国库和百姓家里的仓库，国家富强、百姓富足的景象。

◆ 窖砖

这是一块放在含嘉仓底部的窖砖，上面记载着粮食的存储时间、数量、品种、来源、仓窖位置及授领粮食的官员姓名，十分详细，可见当时的统治者对粮食有多重视!

建在地下的含嘉仓

建造天下第一粮仓

时间来到公元749年，洛阳城北，从江南运来的稻谷刚刚抵达含嘉仓，士兵们正在卸车。此时天下太平，五谷丰登，含嘉仓内保存了580多万石粮食，占全国粮食总量一半左右。难怪含嘉仓被称为唐朝"天下第一粮仓"，小米粒看到这么多的粮食震惊了!

含嘉仓东西宽612米，南北长710米，总面积43万平方米，有400多个圆形仓窖。小米粒记得洛阳城外还有一处更大的粮仓，叫回落仓，差不多有700个仓窖。为什么不用回落仓储存粮食呢?原来，距离当时100多年前，正处隋朝末年，战争频繁，回落仓成为兵家争抢的重点，逐渐被毁了。

曲辕犁的出现
是古代中国耕作
农具成熟的标志。

直辕犁　　　　　曲辕犁

◆ 犁的演变

还记得吗？河姆渡遗址出土的骨耜就是犁的前身。到了汉代，人们发明了铁质的直辕犁。到唐代，直辕犁已经演变成曲辕犁了，只需要一头牛就能耕地，而且曲辕犁短小轻便，便于调头和转弯，可节省人力和畜力。

稻花香里的文化盛景

　　小米粒穿越到了 1000 年前的北宋，站在都城开封府的汴河边，惊叹于这里的繁华景象：河上来来往往的运粮船只满载江南来的稻米，米行的工人们聚集在码头上，忙着装卸稻米。据说，这一场景被一位画家看到，画在了《清明上河图》中，流传千年。这位画家就是大名鼎鼎的张择端。

　　北宋时期是中国传统稻作技术成熟时期，稻逐渐超越粟、小麦，成为五谷之首。精耕细作让稻米的产量和质量都大幅提高，推动了人口增长、社会繁荣、文化发展。南宋时期，全国的经济重心完成南移，水稻种植更是成为经济重心。

　　宋朝以后，常有"XX熟，天下足"的说法，"XX"常指江苏、浙江、湖南、湖北等地，事实上就是"水稻熟，天下足"。

　　以江苏为例，太湖地区正常年景亩产225千克，这样的产量，除满足本地消费外，更可以销售到全国各地。

> 江浙熟　天下足

> 太湖熟　天下足

> 苏杭熟　天下足

> 苏湖熟　天下足

> 杨万里和范成大的诗词中提到了稻麦二熟制。

◆ 稻麦二熟制

　　南宋时期，稻麦二熟制在长江流域盛行，也就是稻麦轮作，即冬春种小麦，夏秋种水稻，不仅提高了土地的利用率，还减少了病虫害的发生，增加了粮食产量。

西江月·夜行黄沙道中
明月别枝惊鹊，
清风半夜鸣蝉。
稻花香里说丰年，
听取蛙声一片。

七八个星天外，
两三点雨山前。
旧时茅店社林边，
路转溪桥忽见。
——【南宋】辛弃疾

新凉
水满田畴稻叶齐，日光穿树晓烟低。
黄莺也爱新凉好，飞过青山影里啼。
——【南宋】徐玑

刈麦行（节选）
黄云割露几肩归，紫玉炊香一饭肥。
却破麦田秧晚稻，未散水枯卧斜晖。
——【南宋】杨万里
江山道中麦大熟三首其一

腰镰刈熟趁晴归，明朝雨来麦沾泥。
犁田待雨插晚稻，朝出移秧夜食妙。
——【南宋】范成大

秧马歌（节选）
我有桐马手自提，头尻轩昂腹胁低。
背如覆瓦去角圭，以我两足为四蹄。
——【北宋】苏轼

禾谱

◆《禾谱》
《禾谱》是中国第一部水稻学专著，也是中国最早的水稻品种志，诞生于北宋曾安止笔下。苏东坡过庐陵（今江西泰和）时看到《禾谱》，大为赞赏，与曾安止深入交流后，写下流传千古的《秧马歌》，附于书后。

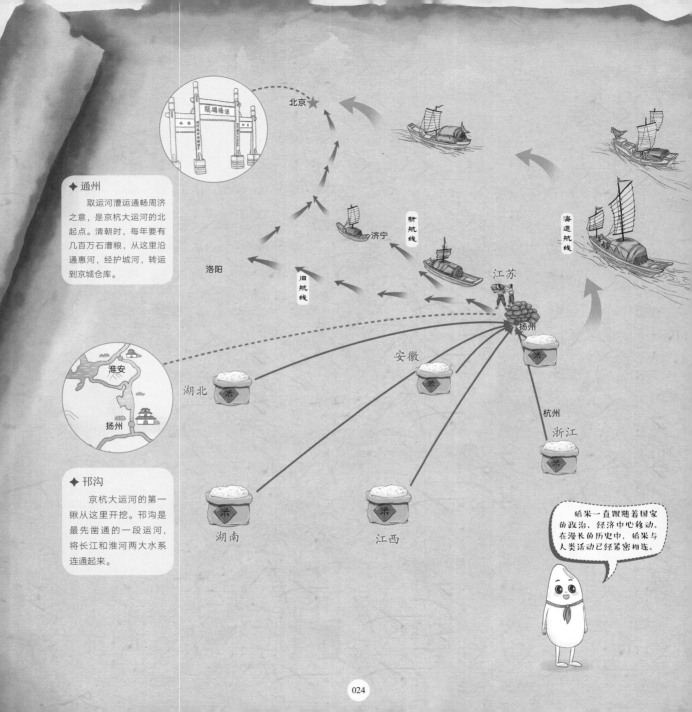

北京 ★

新航线

海运航线

济宁

洛阳

旧航线

江苏

扬州

◆ 通州

取运河漕运通畅周济之意,是京杭大运河的北起点。清朝时,每年要有几百万石漕粮,从这里沿通惠河,经护城河,转运到京城仓库。

淮安

扬州

湖北 米

安徽

米

米

◆ 邗沟

京杭大运河的第一锹从这里开挖。邗沟是最先凿通的一段运河,将长江和淮河两大水系连通起来。

湖南 米

江西 米

杭州

浙江

米

稻米一直跟着国家的政治、经济中心移动。在漫长的历史中,稻米与人类活动已经紧密相连。

一粒米的漕运之旅

◆ 大运河不是一天凿成的

大运河始凿于公元前486年，吴王夫差开挖邗沟。之后，经历了多个朝代的修建和完善。隋代，隋炀帝下令修建通济渠、疏通邗沟等，直到唐代2700多千米的隋唐大运河建成。元代，郭守敬主持重修大运河，对隋唐大运河截弯取直，开凿通惠河，这些奠定了大运河（也就是京杭大运河）的走向。

现在人们讲的大运河，常指京杭大运河，全长1747千米，贯通南北，北起通州，南迄杭州，连海河、穿黄河、经淮河、越长江、接钱塘。

大运河工程宏伟、规模壮观、历史悠久，是我国古代劳动人民创造的一项伟大工程。

◆ 丝绸之路与大运河

在中国历史上，除了大运河，还有一条举世闻名的道路——丝绸之路，连接着东西方文明。它包括陆上丝绸之路和海上丝绸之路，陆上丝绸之路从长安（现陕西省西安市）出发，海上丝绸之路从泉州（今属福建省）、明州（今浙江省宁波市）、登州（今山东省蓬莱市）、扬州（今属江苏省）、黄埔古港（今广东省广州市）、合浦（今广西壮族自治区北海市）等港口出发。长安、宁波、扬州这些城市既连通着大运河，也连通着丝绸之路，使中国形成四通八达的交通网络。丝绸之路与大运河连接欧亚大陆，让经济、文化得以交流。

时间再次往前迈进，小米粒来到了元朝。这时，大都（今北京）成为都城，政治中心回到北方。为了保证北方的稻米供应，元朝每年将湖北、湖南、安徽、江苏、江西、浙江南方6路的稻米调运到扬州，再通过京杭大运河输送到中国北方广大区域。除了运河，元朝还开通了海运，将南方生产的稻米通过海路运输到大都。

在地方志的记录中，小米粒发现，明清时期，南方的水稻迅速向北方传播，黄河流域种稻的地区不断增加；华南的双季稻不断向江南传播，长江流域开始成为我国新的双季稻种植区。

◆ 漕运与漕粮

漕运是指中国历代封建王朝通过水道（河道和海道）将粮食运至京城或其他指定地点的运输方式。运送的粮食称漕粮，漕粮对于封建王朝的粮食安全非常重要。

海运仓

明代，在北京城的东北角，明英宗下旨建立起一个专门储存海运粮食的仓库。根据《明英宗实录》记载："正统十年（公元1445年）五月，以在京居贤、崇教二坊草厂筑仓收粮。"因它接储海运而来的漕粮，故命名为海运仓。

了不起的古代稻田

从新石器时代到清代，一路走来，让小米粒记忆特别深刻的，就是各种各样的稻田。中国地形复杂，拥有高山、平原、丘陵、大海、湖泊等多种地形。好多小米粒认为根本不可能种水稻的地方，比如山上、湖上、海边，都被古人开发成稻田，有的看上去像梯子一样，特别好看。有个人对这些稻田很感兴趣，就把这些稻田整理成册，记录在了书中。这个人就是元代的农学家王祯，这本书就是著名的古代农业专著《农书》。

◆ 架田

这是一种浮在水面上，可以移动的稻田。这么神奇的稻田是怎么形成的呢？原来架田是由木头架子搭成框架，再用葑根和泥土填满架子后形成的，因此能浮在水面上。因为葑根叫葑，所以架田又名葑田。

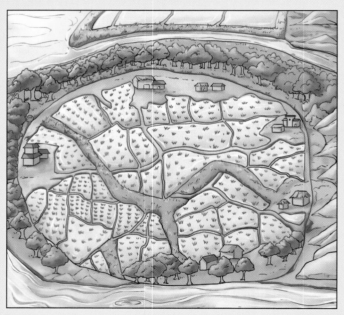

◆ 圩（wéi）田

你见过在湖里造田吗？圩田就是在江、湖低洼处建筑堤坝、围垦造田，把湖泊变成稻田，从上方俯瞰，稻田就像大大小小的棋盘一样。早在春秋末期，太湖地区就出现了圩田。圩田的出现虽然增加了水稻产量，但是也会破坏江、湖水面，易造成生态问题。

◆ 柜田

又叫坝田，稻田形状像长方形的柜子，是一种规模很小的圩田。

◆ 梯田

你如果生活在广西、云南，应该很熟悉像梯子一样的稻田吧。这是一种修筑在丘陵山坡上，沿着等高线修筑的台阶状田地。至少在秦、汉时期，我国就已经出现梯田了；到宋代时，梯田就非常普遍了。

◆ 沙田

这可不是沙漠中的田，而是在江河湖泊沿岸，由沿岸滩地经过开垦形成的农田，因为滩地由沙泥淤积而成，所以叫沙田。六朝时，沙田就已经在我国东南沿海地区出现。

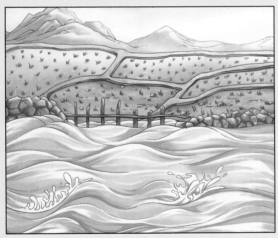

◆ 涂田

在我国东南沿海地区常见，"涂"就是滩涂的意思。刚开垦出的涂田中含有大量的盐分，不能直接用来种水稻。聪明的古人早就找到了解决办法：先种上一轮稗草，同时用湖水灌溉，就可以消除盐分，把涂田从劣田改造成良田，然后就可以用来种水稻了。

◆ 无法种水稻的"水"田

在江苏兴化，有一种独特的农业文化遗产——垛田，它处于湖泊中，四面环水，却无法种水稻。原来，垛田是由湖泥堆积而成，一般高于水面1米以上，是彻头彻尾的旱田，适合瓜果蔬菜的种植。垛田出现的时间在元代以后，因此王祯的《农书》中并未记载这种田地。

水稻走向世界

　　中国是世界稻作起源中心。那么，水稻——这个对世界历史和文化发展都产生了重要作用的作物，是如何走向世界的呢？小米粒再一次带着问题出发啦。

◆ 欧洲

　　水稻传入非洲后，从非洲传到欧洲，哥伦布发现新大陆后，又将水稻传入美洲。

◆ 非洲

　　公元5世纪，丝绸之路的畅通让水稻能够传播得更远，水稻从中国，经伊朗到巴比伦，再传入非洲。不过，早在公元1世纪，东非的一些港口就已经作为转运站向罗马帝国出口大米了。

◆ 日本

公元前2—3世纪，水稻便传入日本，促进了日本社会的进步。稻米文化在日本的文化中发挥着基础性的作用，连相扑运动都与稻米有关。"一人相扑"运动，就是相扑选手与想象中的稻子精灵较量。

◆ 朝鲜半岛

朝鲜半岛最早的水稻遗址距今4300年，然而稻作技术在全半岛普及是在距今2300～2100年前。

◆ 东南亚地区

水稻的传播往往是在人口迁徙和民族交流之中传播开来的，稻作文化最早传入东南亚地区，就是伴随人口迁移而来。

不断飞跃的水稻单产

水稻养育着半个世界，也是中国最主要的粮食作物。新中国成立以来，我国水稻单产迎来一次又一次的飞跃，从1949年的1.98吨/公顷，到2020年的7.06吨/公顷，增加了大约2.6倍，为解决14亿人的"吃饭"问题立下了汗马功劳。这一次，小米粒认识了丁颖、黄耀祥、袁隆平等在中国水稻发展史上作出突出贡献的科学家。

第一次

20世纪50年代中后期，在我国广大水稻科技工作者的努力下，一大批适宜不同区域、不同生态类型的半矮秆高产良种相继育成，并逐步在全国普及。半矮秆品种及配套生产技术的大面积应用，解决了水稻倒伏问题，我国水稻单产水平实现了第一次飞跃。

> 原来我们的单产已经这么高了，我有信心未来会更高的！

2020年	7.06吨/公顷
1990年	5.73吨/公顷
1970年	3.40吨/公顷
1950年	2.11吨/公顷

丁颖

中国现代稻作科学奠基人。20世纪30年代，他首次将野生稻抵御恶劣环境的种质转育进栽培稻中，育成60多个优良品种，对提高水稻产量和质量作出重大贡献。

黄耀祥

被誉为"中国半矮秆水稻之父"。20世纪50年代，他开创水稻矮化育种，培育出矮秆、抗倒伏、多穗型的水稻新品种。中国矮秆品种的育成、推广及应用让水稻单产跨上新台阶。

袁隆平

被誉为"杂交水稻之父"。20世纪60年代，他在国内率先展开水稻杂种优势利用研究并获得成功，为大面积推广水稻杂种优势奠定基础。他提出的杂交水稻育种发展战略和超级杂交水稻育种技术路线成为世界杂交水稻育种发展的指导思想，为世界粮食安全作出巨大贡献。

第二次

20世纪70年代，我国水稻科技工作者突破水稻自花授粉限制，以杂种优势理论为指导，率先选育出了籼型杂交稻品种，并于1976年开始将其大面积推广。杂交品种及配套生产技术推广，充分发挥了杂交稻品种的杂种优势，我国水稻单产水平实现了第二次飞跃。

第三次

1996年，农业部启动"中国超级稻育种与栽培体系研究"项目，开启了超级稻新品种选育及其配套栽培技术集成示范的大幕，创制了一大批不育系、恢复系，选育了一大批产量高、品质好、抗性强、适应性广的超级稻新品种。我国水稻单产水平实现了第三次飞跃。

试验田一

试验田

袁隆平爷爷，我们怀念您

小米粒听很多人讲过袁隆平爷爷的故事。袁隆平爷爷毕生致力于水稻育种，被誉为世界"杂交水稻之父"。因为对世界粮食安全的巨大贡献，他被国家授予共和国勋章，并获得了首届国家最高科学技术奖等荣誉。小米粒的崇敬之情油然而生：袁隆平爷爷值得我们永远怀念！

◆ 袁隆平科研成果年表 ◆

1964	率先在国内开展水稻雄性不育研究。
1973	实现籼型杂交水稻三系配套。
1995	带领团队获得两系法杂交稻的成功，使水稻增产5%~10%，米质更优。
1997	设计出以高冠层、矮穗层和中大穗为特征的超高产株型模式和培育超级杂交稻的技术路线，开始了"中国超级稻"的研究。
2000	实现超级稻亩产700千克的第一期产量目标。
2004	实现超级稻亩产800千克的第二期产量目标，比计划时间提早1年。
2011	实现超级稻亩产900千克的第三期产量目标，比计划时间提早4年。
2014	实现超级稻亩产1000千克的第四期产量目标，比计划时间提早6年。
2018	云南省个旧市大屯镇超级稻百亩示范片平均亩产达1152.3千克，刷新了世界纪录。
2020	湖南省衡南县实现双季稻全年亩产1530.76千克，超过1500千克的预期目标。
2021	在10地启动海水稻万亩片种植示范，10万亩海水稻平均亩产稳定超过400千克。

哪里的米最好吃

很多人都问小米粒：哪里的米最好吃呀？平时爷爷奶奶去市场买米时，常常不知道该买哪里的米。于是，小米粒来到了2016年首届中国大米品牌大会现场，全国各地都送来了自己的大米，专家们正在品尝和评审，最后授予五常大米、响水大米、庆安大米、盘锦大米、宁夏大米、宣汉桃花米、遮放贡米、射阳大米、兴化大米、罗定稻米"2016中国十大大米区域公用品牌"称号。这下小米粒知道了，中国很多地方都产好吃的大米呢！

◆ 中国国际大米节

2018年，首届中国·黑龙江国际大米节开幕，吸引了来自世界各地十几个国家和地区参展，打造了一场国际化盛会，至今已成功举办3届。

2020年第三届中国·黑龙江大米节根据品质特点设置了粳稻组、籼稻组，以及"十大好吃米饭"3组不同类型的品评、品鉴活动；共收到国内外粳米、籼米参赛有效样品726份。

平浙优261　　　　五优稻4号

籼米组金奖第一名　　粳米组金奖第一名

旅程走到这里，了解了这么多大米的故事，原来中国有这么多有特色的、好吃的大米。

炊具的变迁

以农耕为主的中华文明，造就了辉煌的器具成就。稻米无法像肉一样烧、烤着吃，也无法像水果一样直接生食，需要经过煮、蒸，才能变成软弹的大米饭，于是烹饪的器具应运而生。中国传统炊具品种多样，甑（zèng）、釜（fǔ）、甗（yǎn）、鬲（lì）形态不一，各有分工。

新石器时代

人们发明出陶制的炊具。晒干的泥土，经过火烧变得坚硬，可以盛水、煮饭，人们终于可以吃上熟米饭了。

夏、商、周时期

人们开始用青铜器制成的炊具做饭。不过，并不是所有人家都用得起青铜炊具，因为青铜器是身份和地位的象征，可以用作礼器。

◆ 改变世界的发明——陶器

陶器起源于中国，是人类历史上重要的发明之一。有了陶器，人们的饮食方式发生改变，生活条件大大改善，社会得到发展，可以说，陶器推动了人们从迁徙打猎过渡到以农业为主的定居生活。

◆ 古人怎么煮饭？

古人煮饭可没有使用电饭锅煮饭那么方便。其实，他们吃的是"蒸饭"：将大米先放入釜中加水煮至半熟，然后将半熟的米饭捞出，放在铺了箅子的甑中，利用鬲冒出的蒸汽将米饭蒸熟。

◆ 古人的炊具怎么用

甑：类似于现在的蒸笼，底部有通气的小孔。

釜：类似于现在的锅，可以用来煮、煎、炒。

鬲：用于煮粥烧水。

甗：甑在上，鬲在下，是一种复合炊具。

东汉时期

青铜炊具退出历史舞台，铁制炊具得到广泛运用。人们的灶台也发生了变化，不可移动的垒砌灶取代了移动式火灶。

铁釜

现代

电、火、燃气等能源形式，促生了电饭锅、陶锅、铁锅……人们可以用各式各样的炊具做出美味的米饭。

甑子

电饭锅　铁锅　陶锅

◆ 厨子宰相——伊尹

相传，伊尹是有莘国的一个孤儿。有一年，商汤娶有莘氏为妻，伊尹作为陪嫁奴隶，一起来到商国，做了一名厨师。有一次，伊尹把做菜和治国的道理巧妙结合，讲给商汤。后来商汤渐渐发现，这个奴隶是个难得的人才，于是破格任命他为商国的丞相。

现在，很多人使用电饭锅煮饭，特别简单，你用什么煮饭呢？

竹筒饭

稻秆雕塑

稻草编织

米雕

剪纸

农民画

灿烂的中国稻作文化

中国农民在上万年的农耕活动中，逐渐创造和发展了自己独特的民间文化艺术，反映了农民淳朴、热情、活泼的性格和生产生活态度。其中，以稻和米为主角的民间艺术还不少呢！看到这些，小米粒充满了自豪感。

◆ 水稻做成的艺术品 ◆

❶ 米雕

在米粒上刻画，需要拿放大镜才能看清米粒上雕刻的内容，极其考验制作人的技艺。

❷ 稻秆画

用稻秆做的工艺画，可以做出各种各样精美的内容。

❸ 粮食画

用稻谷、大豆等粮食做的工艺画，小朋友们也可以做。

❹ 稻草编织

用稻草做原料，编织成帽子、草鞋等各种生活用具。

这些艺术品都来源于民间，是农民自己创作的哟，有的甚至可以追溯到新石器时代，是不是很厉害！

◆ 稻田里的音乐会 ◆

❶ 薅秧歌

薅秧歌是一种历史悠久的传统民歌，在稻田里除草时，农民们齐唱薅秧歌，可以消除疲劳、鼓舞干劲。主要流行于四川、重庆、湖南、湖北、贵州等地区。

❷ 秧歌舞

秧歌舞又叫扭秧歌，在我国流传广泛，尤其是北方地区。演出时，大家边走、边唱、边舞，变换队形，步法简单却内容丰富，十分热闹。秧歌舞起源于农业劳动，以劳动的步法为基础，民族特色鲜明。

❸ 田歌

田歌是劳动人民在田里劳动时创作的歌曲，包括插秧歌、扯秧歌、耘田歌、车水歌等，在长江流域较为流行。歌声自由、高亢、愉快，表达了农民对生活、对劳动的热爱，对未来的希望。

中国稻作简史

距今1400万年前
稻属野生稻分化。

公元前1万—前8000年
中国江西万年吊桶环的先民采食野生稻，并尝试人工栽培。湖南玉蟾岩的先民学会了驯化野生稻，初步掌握水稻栽培技术。

公元前9000—前7000年
中国浙江上山的先民不仅会种水稻，还会用石磨棒和石磨盘给水稻脱壳，利用稻谷壳制作陶器。

公元前7000—前5000年
河南贾湖、浙江跨湖桥、湖南八十垱的先民掌握了水稻栽培技术。

《史记·货殖列传》记载了江南地区"地广人稀，饭稻羹鱼，或火耕而水耨"的农耕方式。

水稻传播到伊朗和日本。

水稻品种丰富，有籼稻、粳稻、黏稻、糯稻等品种。

水稻不仅是长江流域的主要粮食作物，而且其种植区域迅速扩展。

东汉
犁耕和牛耕发展到前所未有的高度，牛耕有二牛抬杠和一牛挽犁之分。

张衡的《南都赋》记载了南阳郡（今河南省南阳市）阡陌纵横、稻田遍布的壮丽景观，诗曰："开窦洒流，浸彼稻田，沟浍脉连，堤塍相辅。"

水稻播种方式由撒播发展为育秧移栽（称为"别稻"）。崔寔的《四民月令》中，已经指出"稻，美田欲稀，薄田欲稠"的适宜密度。

稻田养鱼模式出现。

1926—1933年
丁颖利用普通野生稻与栽培稻杂交后代，选育出"中山1号"。

清代
皇帝康熙育成"御稻"，并在全国推广种植。

明代
宋应星的《天工开物》记载："今天下育民人者，稻居什七。"这说明明代水稻产量已经大致占全国粮食总产量的70%了。

稻麦两熟制在南方全面推广，提高了江南一带的土地生产力。

南宋
诗人陆游有"秋风罢亚九千顷""家家场中打稻声"之句，由此可以窥见当时种稻规模之大。

1957年
丁颖根据形态、生理和生态等特性将水稻分为籼和粳两亚种，根据生态学把我国稻区分为6个生态区。

1964年
袁隆平从洞庭早籼稻田中发现天然雄性不育株。

1970年
袁隆平助手李必湖在海南发现"野败"原始不育株。

1975年
我国水田大量使用插秧机。

1986年
《中国稻作学》出版。

公元前 5000—前 4000 年	公元前 4000 年	公元前 3300—前 2300 年	公元前 5000—前 2000 年
中国浙江河姆渡的先民使用骨耜来翻耕土地，收获的稻谷被存储在干栏式粮仓中，水稻生产已形成规模。	长江流域水稻种植已经形成规模。	浙江良渚的先民修水利、平土地、改洼滩，扩大水稻种植面积，提高栽培技术。	水稻在仰韶文化、龙山文化、新砦文化、陶寺文化、二里头文化等时期均有广泛种植。

公元前 1046 年

西汉	战国	春秋	西周
"代田法"和"区田法"出现并得到推广。	长江流域水稻种植发达，江西新干县的粮仓保存了大量粳米，粮仓面积大约 600 平方米。	农业进一步发展，农具铁器化，精耕细作的农耕技术模式逐渐完善。	统治者重视农业，农业生产技术提高，水稻产量增加。农具材质繁多，包括石器、骨器、蚌器、木器、陶器、青铜器等。

西晋		南北朝	北魏
张华在《博物志》一书中指出了"五土所宜，黄白宜种禾……下泉宜稻，得其宜，则利百倍"的因地制宜获得水稻高产的方法。	南方种苕子作为稻田绿肥。郭义恭的《广志》一书中说它"蔓延殷盛，可以美田"。	水田耙发明，南方稻田种植形成了"耕—耙—耖"的精耕细作模式。	贾思勰在《齐民要术》中记载"曝根令坚"的水稻烤田（或叫晒田、干田、搁田）技术，以及"稻无所缘，唯岁易为良"的稻田轮作制度，至今在农业科学和农业生产实践中具有重要意义。

公元前 581 年

	北宋时期	唐代诗人	唐代
水稻总产量跃升为五谷之首。	北宋发明秧马，用于辅助插秧。苏轼途径武昌时，曾见当地农民使用秧马，后作《秧马歌》。	唐代诗人杜甫有"东屯大江北，百顷平若案。六月青稻多，千畦碧泉乱"和"香稻三秋末，平田百顷间。喜无多屋宇，幸不碍云山"之句。	曲辕犁出现，相比于直辕犁，既调节了耕地的深浅，亦省力，可由一牛抬杠，提高了耕作效率，加快了江南水田的开发。

1989 年	2000 年	2002 年	2016 年	2021 年	2022 年
中国水稻研究所落成。	"中国超级稻计划"第一期目标实现。	《科学》杂志发表中国科学家独立完成的水稻基因组"工作框架图"论文和数据库。	云南省个旧市一季稻"超优千号"百亩片平均亩产 1088 千克。	中国找回四倍体野生稻基因，为更优秀的水稻品种培育提供支持。	运用数字技术在多地实现水稻"耕、种、管、收"全过程智能化。

水稻的现实

SHUIDAO DE XIANSHI

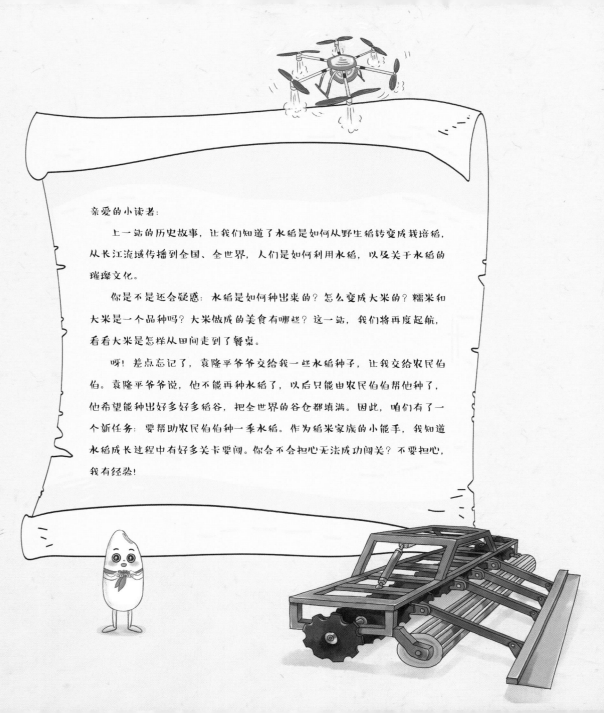

亲爱的小读者：

上一站的历史故事，让我们知道了水稻是如何从野生稻转变成栽培稻，从长江流域传播到全国、全世界，人们是如何利用水稻，以及关于水稻的璀璨文化。

你是不是还会疑惑：水稻是如何种出来的？怎么变成大米的？糯米和大米是一个品种吗？大米做成的美食有哪些？这一站，我们将再度起航，看看大米是怎样从田间走到了餐桌。

呀！差点忘记了，袁隆平爷爷交给我一些水稻种子，让我交给农民伯伯。袁隆平爷爷说，他不能再种水稻了，以后只能由农民伯伯帮他种了，他希望能种出好多好多稻谷，把全世界的谷仓都填满。因此，咱们有了一个新任务：要帮助农民伯伯种一季水稻。作为稻米家族的小能手，我知道水稻成长过程中有好多关卡要闯。你会不会担心无法成功闯关？不要担心，我有经验！

水稻成长日记

从水稻种子到香喷喷的米饭，水稻要经历一段奇幻的冒险之旅。种子发芽成为秧苗，秧苗经过一次搬家，渐渐长大、开花、结穗，长出黄灿灿的稻谷。然后，稻谷被收集起来，大部分被送到粮仓中存放起来，再进入加工厂被做成大米，走上家家户户的餐桌；还有一部分留作来年的种子，继续新的生命之旅。小米粒进行时空旅行时，收到过一份江苏小朋友做的《水稻成长日记》，记录了他家水稻的生长过程。

稻种发芽了

2021 年 5 月 19 日

妈妈说，再过两天就是小满了，可以开始种水稻了。她将泡好的稻种播撒在育苗盘里。刚刚从稻壳中冒出来的稻芽和胚根，白白的、脆生生的。

长叶长根啦

2021 年 6 月 5 日

在妈妈和我的悉心照顾下，秧苗茁壮生长。2天左右，第一片叶子就长了出来；接下来，第二片和第三片叶子也长出来了；现在，大部分秧苗已经长出5片叶子了，根部也长出了很多须根，十分发达。妈妈说，今天是芒种，"芒种芒种，忙收忙种"，需要将秧苗移栽到门前的水田里。

获得了大丰收

2021 年 9 月 21 日

今天是中秋节，田里的水稻到了收获的时刻。整个稻田都穿上了黄金外衣，稻谷圆鼓鼓的、黄灿灿的。收割机、拖拉机、烘干机……轰隆隆地响着，将整个村庄都唤醒了，今年的中秋节真是一个丰收而忙碌的日子！

长高了一大截

2021 年 7 月 7 日

今天是小暑，天气很热。田里的水稻都郁郁葱葱，绿油油一片，叶子和叶子挨着，都快看不到水面了。稻茎长高长粗了不少，根部长得更为粗壮了，牢牢地抓着土地，我试着拔了一下，根本拔不动。

◆ 几月开始种水稻?

中国的稻区可划分为华南、华中、西南、华北、东北、西北6个稻作区。根据播种期、生长期和成熟期的不同,水稻品种分早稻、中稻、晚稻。早稻是栽培时间较早且成熟早的南方籼稻,晚稻是插秧期较晚且成熟期较晚的稻谷,中稻介于两者之间。一般早稻的生长期为90～120天,中稻为120～150天,晚稻为150～170天。

日 期: 2021年5月19日至
          2021年9月21日
地 点: 我家门前的稻田
记录人: 苏小朋

2021 年 8 月 16 日

稻谷长出来了

暑假快结束了,田里的水稻更加茂盛了,稻茎又长高了一大截,谷穗也长出来了,一天比一天饱满,稻穗慢慢地垂下了头。可惜的是,我没有看到水稻开花,妈妈说稻花一般早上开,而且开的时间很短,希望明年我能抓住机会。

◆ 小小水稻用途大

稻谷收下来后,可以存放在粮仓中,也可以加工成晶莹剔透的大米,大米可以制成各种各样好吃的食物。此外,水稻还能做成漂亮的艺术品。

美味的大米　　　　　　好吃的米食

漂亮的艺术品　　　　　放入粮仓储存

多种多样的水稻

　　小米粒一直很奇怪一件事情：为什么家族里的成员长得不太一样？有的高高瘦瘦，有的圆圆胖胖；有的是白皮肤，有的全身黑黑。为了找到答案，小米粒到图书馆找了很多书来看。原来水稻家族有很多成员，按照不同的分类标准，成员有不同的名字和特点，还可以做成不同的美食。

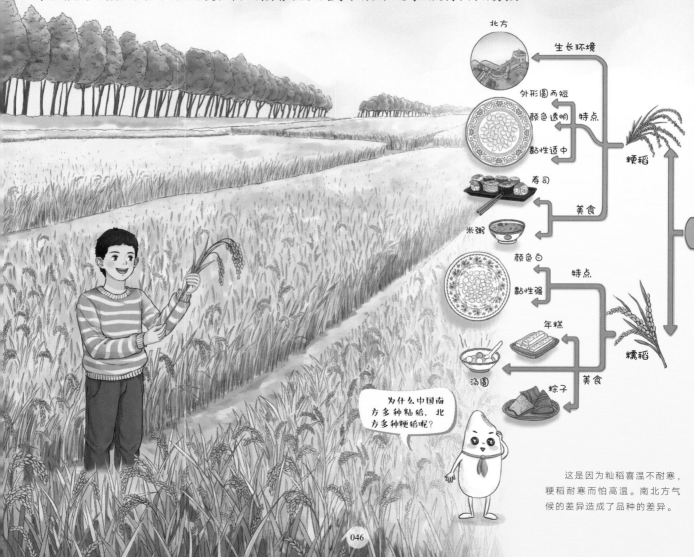

北方
生长环境

外形圆而短
颜色透明　特点
黏性适中

寿司
米粥　美食

粳稻

颜色白
黏性强　特点

年糕
汤圆　粽子　美食

糯稻

为什么中国南方多种籼稻，北方多种粳稻呢？

　　这是因为籼稻喜温不耐寒，粳稻耐寒而怕高温。南北方气候的差异造成了品种的差异。

046

◆ 再生稻

其实，水稻收割之后的稻茬，利用特定的方法，还能再长一茬水稻。这是因为收割后的稻桩上有休眠芽，休眠芽能够萌发长成稻穗，而以这种方式生长出来的水稻就是再生稻。这种模式在中国有着悠久的历史，早在1700年以前，郭义恭的《广志》便记载过它。

◆ 享誉世界的地方稻米

京西稻

来自北京，源于清代，由康熙皇帝选育，因此又称御稻米。

小站稻

来自天津，源于宋辽时期，成名于清代，有诗云："一篙御河桃花汛，十里村爆玉粒香。"

响水稻

来自黑龙江，自唐代以来，被当作历朝贡米。生长在万年熔岩台地上，俗称"长在石板上的大米"。

生长环境 → 南方

籼稻 → 特点 → 外形细而长 / 黏性较弱 / 颜色透明

美食 → 扬州炒饭 / 煲仔饭

除了籼稻、粳稻和糯稻这3种名称外，稻还有其他分类方法。比如，按生长季节来划分，分为早稻、中稻和晚稻；按照生长环境来划分，分为水稻和陆稻。

一粒种子改变世界

种子是粮食的"芯片"，水稻育种是保障粮食安全的重中之重。水稻育种方法多种多样，有系统育种、杂交育种、诱变育种、太空育种、转基因育种等。

你知道水稻品种有多少吗？有2万多种呢！很多品种都是科学家精心选育出来的。那科学家为什么要进行水稻育种呢？这是因为科学家想选育出产量更高、品质更优的水稻品种，这样才能产出更多、更好的大米。

◆ 杂交育种

通过不同亲本之间的杂交来培育新品种或品系的育种方法。如袁隆平团队培育的"广两优1128"。

◆ 航天育种

又叫太空育种。利用航天器将种子搭载到太空，诱导种子变异；返回地面后，再进行种植，筛选优良变异个体，进行育种。

◆ 诱变育种

利用物理、化学因素诱发种子产生性状突变，并从中鉴定、选育优良品种。

◆ 生物技术育种

利用基因、细胞、生物体等，结合分子技术、细胞技术等生物技术进行基因重组、基因标记等，创造遗传变异，再进行鉴定、筛选、选育新品种。如转基因技术、分子标记辅助选择技术等。

◆ 中国种业"硅谷"——南繁基地

南繁是利用我国南方温暖的气候条件，将夏季在北方种植的农作物，于冬春季节在南方再种植一季的育种方式。尤其是海南岛四季常青，冬季平均气温18℃以上，适合种子繁育。自1956年开始，每年都有育种者前往海南岛育种，为"中国饭碗"打牢基础。可以说，南繁基地是中国种业的"硅谷"。

南繁育种

种子发芽啦

　　水稻的种子被称作稻种。并不是所有的稻谷都可以成为稻种，只有那些经过精心挑选或者精心培育的稻谷才能成为稻种。播种前，稻种要进行处理，以便发芽时快速、整齐。

　　小米粒在时空旅行时看到过中国古人把稻种放在水中浸泡之后播种，这好像是1400年前的事情。原来，这是在处理种子。这种技术叫作浸种催芽。到了现代，科技的进步使得种子处理技术更加科学。

晒种是指利用阳光暴晒稻种，可以消灭病菌、加速种子的呼吸作用。

选种的方法很多，有风选、筛选、机器选等等，只要能选出优质的稻种就行。

浸种时，稻种泡在水里，吸收充足的水分，这时种皮也变软了。

催芽和浸种一般交替进行，吸饱水的稻种在合适的温度和氧气条件下就能发芽。

◆ 种子处理技术

稻种在播种前要经过晒种、选种、浸种、催芽，经过这4步的稻种会长出小小的芽和根，之后就可以播种啦！

种子吸饱了水，变得鼓鼓的，连原来硬硬的外壳都变软了。

白色的小芽（胚根）刚刚破壳，露出了头。

根和芽都出来了。等到"根长一粒谷，芽长半粒谷"时，就可以撒到田里了。

育秧温室

育秧盘

高 安 全 意 识

主 攻 水 稻 单 产

小秧苗住进了温室

播种流水线

振兴育苗中心

发好芽的稻种要立刻播撒到田里，这一步就是水稻的播种。播种后要精心培育秧苗，也就是育秧，由于水稻的秧苗非常娇嫩，这个过程要格外小心。

以前，人们直接把发芽的稻种撒在肥沃的秧田中，精心照料好几天，等秧苗扎根了才敢松口气，其间要是遇到大的风雨，秧苗扎不住根，就需要补种。现在，有了机械和温室，小秧苗住进了"暖房"，不再惧怕风雨，培育起来就方便多了，秧苗也长得更加整齐、结实啦。

◆ 传统育秧

育秧技术拥有1800多年的历史。首先，选择一块肥沃的土地，做成一垄一垄的，把泥土弄得细腻而均匀，这样的土地有一个非常形象的名称——"苗床"。然后，在垄间的小沟中灌上足量的水，苗床瞬间变水床。之后，均匀撒上发芽的稻种，照料十几天，绿油油的秧苗就长出来了。

◆ 机械播种

水稻的机械播种有点像做三明治。先准备好"盘子"——水稻专用育秧盘，接着铺上美味的"面包"——一层细细的营养土壤，撒上"主料"——稻种，喷上"酱汁"——水，最后再铺上一层"面包"——又一层细细的营养土壤。这样，水稻的机械播种就完成了。

第一片叶子抽出，根开始生长。

第二片叶子抽出，更多的根生长出来。

我来帮忙啦！我把土地翻一遍，这样土就松软。

水田犁

小米粒，我来给土地美容啦。我会把犁好的土地耙一遍，这样稻田就能平平整整的了。

犁地之前，农民伯伯会先把肥料撒在田里，这样犁地的时候，肥料就可以被翻入土内。

耙地之前，农民伯伯会将犁好的田地灌上水，这样耙出的稻田水分更加充足。

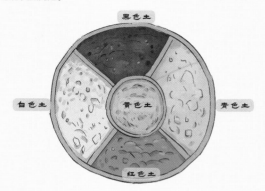

黑色土

白色土　黄色土　青色土

红色土

◆ 多彩的土壤

土壤是一个国家最重要的自然资源，是农业发展的物质基础。中国的土壤类型非常多，有2000多种，分布在全国不同的地方。

 这是来自东北地区的土。土壤中富含黑色的腐殖质，因此是黑色的，十分肥沃。

 这是来自南方丘陵地区的土。土壤中氧化铝、氧化铁含量高，因此是红色的。

 这是来自中部黄土高原上的土。土壤中黄色的水合氧化铁含量高，因此是黄色的。

 这是来自东部靠海地区的土。土壤中浅绿色的氧化亚铁含量高，因此是青灰色的。

 这是来自西部地区的土，属于盐土或碱土。土壤中白色的盐类含量高，因此是白色的。

我爱松软的土壤

水稻喜欢疏松多孔、透气爽水、养分丰富的土壤，因此，在插秧前，农民要对稻田进行一系列整地操作，让稻田变得松软、平整。整地十分费力气，不过有了机械的帮助，就方便了许多。

给秧苗搬个家

当秧苗长到3片或4片叶子的时候，就要给它们"搬家"了，因为此时育苗盘中的秧苗已经十分拥挤，急需更大的生活空间。插秧就是将秧苗从秧田移栽到水田中，一般1平方米的秧苗插秧后可以扩展为10平方米。

以前插秧完全靠人力，非常辛苦。现在可不是了。农业技术推广服务中心的专家告诉小米粒：现在大部分地区都是机械插秧，节省了大量的人工，当然在一些丘陵和山区，由于机械操作不方便，还得依靠人力来完成插秧。

农民伯伯在使用插秧机之前，会认真做实验的，这样插出的秧苗才能又整齐又挺拔。

◆ 人工插秧

要插得整整齐齐，可不是一件容易的事。看！农民伯伯正在插秧。他们弯腰弓背，在泥泞的稻田中倒着走，要顶着热辣辣的太阳工作大半天，十分辛苦。

插秧诗

【后秦】布袋和尚

手把青秧插满田，
低头便见水中天。
六根清净方为道，
退步原来是向前。

机械插秧

小米粒，你看，我插秧是不是又快又好？嘿嘿，农民伯伯说，我可是能抵20多个人干活呢。

水稻插秧机

灌水

人工插秧

为水稻健康生长保驾护航

插秧后的水稻就在水田里安了家，稻谷成熟后就能收割。水稻在生长过程中，有时会碰到抢夺营养的杂草，有时会碰到让它们生病的病毒（病菌），有时还会碰到啃食水稻的害虫，还要抵抗早霜、寒露风等恶劣天气，因此需要植保技术为水稻生长保驾护航。

植保技术是植物保护技术的简称，就是保护植物正常生长的技术，可以预防和对抗病、虫、草、鼠、鸟兽以及气象灾害等对植物的危害。

◆ 进步的植保技术

在农药发明之前，人们用锄头铲除杂草和病株，用网兜捕捉害虫，用鸭子防治害虫……使用的这些原始的植保技术虽然简单、无污染，但是劳动强度大，病虫草害也不容易被除干净。

除草剂、杀虫剂等农药让植保的效率大大提升，迅速成为田间植保的主力军。喷洒农药植保效果好，即使是传统的背负式喷雾机，一个人一天也能喷洒大约1公顷的田地。不过农药使用不当的话，会污染环境，导致水稻生长异常、农药残留超标等。

为了提高植保效率、省工省力，同时实现作物的高产、优质、无害，科学家一直在探索。能够1小时喷洒2公顷田地的自走式喷杆喷雾器、能够1小时喷洒6公顷田地的植保无人机都被发明并应用到水稻植保上。

◆ 藏在稻田中的害虫

二化螟也叫水稻钻心虫，是稻田里数一数二的害虫。它会咬断水稻茎，还会让稻穗变白、变枯，长不出稻谷。

稻飞虱是稻田飞虱的总称，有很多种，是稻田里头号害虫之一。它会偷偷趴在水稻茎秆上，吸食水稻的营养，使水稻生病甚至枯死。

二化螟

稻飞虱

◆ 藏在稻田中的杂草

稗（bài）与水稻长相极为相似，是水稻几千年的"对头"。小朋友，你能找到它们的不同点吗？

水稻　　稗

荆三棱长得与水稻有点像，细细长长的。它的秆是三棱形的。

荆三棱

鸭跖草是稻田中的常客，几乎全国的水稻田中都有。

鸭跖草

空心莲子草又名水花生，是一种危害性极强的外来入侵物种。

空心莲子草

人工植保

我要晒太阳

　　小米粒路过一片水稻田，看到稻田里干干的，一点水也没有，有点着急：水稻没水喝会不会渴死呀？

　　其实，水稻虽然是耗水量最大的粮食作物，但也不是全程泡在水里生长的。当整片稻田进入分蘖末期时，要把稻田里的水都排出去，晒田；等到了拔节长穗期时，再往田里灌水。这是为什么呢？

◆ 为什么排水晒田？

　　1.晒田可以增强土壤通气性，促进根系发育。

　　2.晒田可以促进水稻茎秆长粗、长壮，防止被风吹倒。

　　3.晒田可以控制水稻分蘖，减少不能长穗的分枝，让能长穗的分枝获得更多营养。

> 晒田后，水稻就进入拔节长穗期。这时候，水稻既要长茎叶，又要长穗，对水分和养分的需求极大。小朋友们，我们一起来喝水，干杯！

◆ 水稻分蘖（niè）期

　　分蘖期是水稻独特的生长过程。就像大树会从茎部长出新枝一样，水稻会从根部长出新的茎，新长出的茎就是水稻的分蘖。

长出新的分蘖

藏着稻穗的叶鞘

◆ 水稻孕穗期

　　分蘖期结束之后，水稻就进入孕穗期了。叶鞘变得鼓鼓的，这是因为稻穗正藏在叶鞘里面努力生长呢。

排水

晒田前期

晒田后期

稻花开了

水稻抽穗后2天内就会开花，一朵接一朵的稻花，从稻穗的顶端开始，自上向下地绽开。水稻花期不长，大约2个星期，一片田里所有的水稻完成开花。开花后，水稻就孕育稻谷了。

◆ 稻花是什么颜色的？

水稻没有炫彩的花瓣，由绿色的外稃和内稃、1枚白色雌蕊、6枚黄白色雄蕊、2片绿色浆片组成。雄蕊伸出稃壳的那一刻，就是水稻开花的时刻。

雄蕊
稃壳
雌蕊

◆ 水稻开花有香味吗？

辛弃疾的诗写过："稻花香里说丰年，听取蛙声一片。"那水稻开花真的有香味吗？其实没有。水稻因为没有散发香味的气味腺，所以没法散发香味。

捉虫鸭

稻花可真小呀！要拿放大镜才能看得清。

观察稻花

这一株水稻上有9个稻穗，每个稻穗结200多粒稻谷。

哇，一株就能结出1800多粒稻谷！足足一碗大米饭呢！

◆ 稻花会吸引蜜蜂采蜜吗？

蜜蜂采蜜一看花蜜，二闻味道，三看花朵像不像有花蜜的花。可惜稻花这3样一样也没有，无法吸引蜜蜂采蜜。不过，在人为控制下，蜜蜂会帮助水稻授粉。

◆ 稻花怎样完成授粉呢？

水稻是自花授粉植物，在风的帮助下，雄蕊上的花粉吹落到雌蕊上，一朵稻花的授粉就完成了。

◆ 为什么水稻开花不容易被看到？

即使是生活在农村的小朋友也不一定见过水稻开花，这是为什么呢？因为稻花很小，只有稻谷的1/3大；稻花开得也快，一朵花开花全过程只有1～3个小时。

又是一年丰收时

当稻穗中的米粒变成白色、透明、坚硬状时，水稻收获的最佳时期就到了。农机合作社最近可是非常忙，小米粒的好朋友王小波开着联合收割机从南到北，已走过了广东、福建、浙江、江苏、山东等几个省，帮助农民收割水稻。听小波说，他们最远会到达黑龙江呢。在现代化机械的帮助下，要不了1个小时，一片田地就被收拾得干干净净：秸秆被打碎并撒回稻田，稻谷被倾倒在收割机的机仓里。

收割机

循环式烘干机

农机合作组织

谷粒的成熟过程

乳熟期　　　蜡熟期　　　完熟期

◆ 几月收获水稻？

如果你问全国的农民，几月收获水稻？得出的答案肯定五花八门。比如，海南的阿婆会说是5月、9月和11月；江西的阿姨说是7月和11月；黑龙江的大叔说，9月、10月吧。这是为什么呢？大家种的水稻因为品种不一样，播种时间不一样，生长环境不一样，所以收获时间也不一样。

◆ 农业机械合作组织

借助机械干活，省事、省时、省力、效率高、损失少。不过，机械价格高，农民伯伯买不起怎么办？人们发挥聪明才智，想出了一个办法：组建农业机械合作组织，一台机械就可以承包整个村里的田地。

好开心呀！我圆满完成袁隆平爷爷交给我的任务啦！

山里的水稻

　　使用现代化农业机械收获水稻效率高，劳动强度小，受天气影响小，但是在中国很多地方，比如深山之中，这些机械就无用武之地了。小米粒有一个云南的小伙伴，听他说，在他的家乡，可没有这些大机器，农民伯伯收获时，仍在沿用传统的方法，靠人力和畜力完成水稻播种、插秧、收割以及整地等全过程，十分辛苦。这些传统的农业生产方式中蕴含着独特的价值和魅力，还是需要保护和传承的。

◆ 传统的水稻收获过程 ◆

① 收割

　　利用镰刀，一手攥着镰刀，一手搂过稻秆，一把一把地收割。

② 脱粒

　　握紧稻秆，将稻穗一端放在打谷机里的滚轮上，脚踩着板子，使滚轮转动，谷粒就会脱落到桶里。

⑤ 运输

　　将谷物装在袋子中，使用人力或利用牲畜搬运。

④ 晾晒

　　将稻谷平摊在空地上，利用太阳的热量，将谷物中的水分晒干。

⑤ 清选

　　晒好稻谷后，用自然风、风谷车等去除夹杂其中的秸秆、空壳等杂质。

秋去冬来，年复一年，我见证了人类农具的变迁，也看到了生产力的飞跃。

晾晒

运输

清选

壮观的稻田画

小米粒有一些亲戚住在广西，他们对小米粒说，有种水稻叫观赏稻，外表是五颜六色的，可以组合成漂亮的稻田画。南丹县有一幅用观赏稻做成的巨幅稻田画，面积有3万多平方米，大约有2个标准操场那么大。一望无际的观赏稻让稻田换上新装，美不胜收的田野吸引着全国各地的人前来观光。

◆ 彩色米与观赏稻

除了稻株的外表可以多姿多彩，米粒的颜色也有很多种。黑米、红米、紫米等彩色米是稻米中的珍贵品种，营养价值高。那产出彩色米的水稻属于观赏稻吗？这还得看一下稻株。黑米和紫米的稃壳也是彩色的，因此产黑米和紫米的水稻属于观赏稻；而产红米的水稻外观与普通稻相似，就不属于观赏稻。

紫米

黑米

红米

◆ 什么是观赏稻

观赏稻一般特指外观与普通稻有明显差异并具有观赏价值的稻。像花一样的观赏稻，是普通稻的亲戚，拥有多种颜色，产出的稻谷也是可食用的。通过设计、编排、种植，观赏稻可以构成一幅又一幅美丽的稻田画。

五彩斑斓的叶片

五颜六色的稻穗

千姿百态的稻株

好漂亮的观赏稻！红的、紫的、粉的、黄的……各种颜色的水稻令人目不暇接。怎么我的亲戚们有这么多好看的衣服？我也想穿粉色的衣服。

◆ 观赏稻的诞生

在自然演化的过程中，稻分化出丰富多彩的类型，观赏稻作为其中一类早已存在于自然界。20世纪，日本人首次利用叶片颜色不同的稻制作稻田画，将观赏稻拉进人们的视线。观赏稻可以从自然中采集，也可以通过人工育种的方式培育。

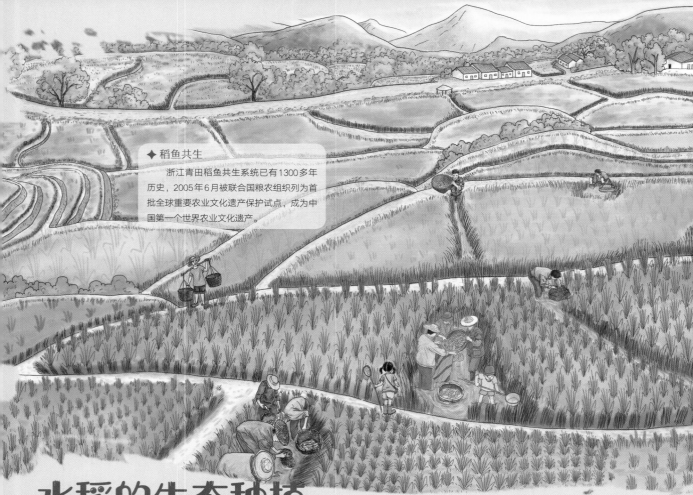

◆ 稻鱼共生

浙江青田稻鱼共生系统已有1300多年历史，2005年6月被联合国粮农组织列为首批全球重要农业文化遗产保护试点，成为中国第一个世界农业文化遗产。

水稻的生态种植

　　小米粒在南方游玩时，路过一片非常美丽的稻田，田里还有游动的鱼，原来这就是拥有千年历史的稻鱼共生系统。稻鱼共生系统是生态农业的一种典型范例，演变出稻虾共生、稻蟹共生、稻鸭共生等多种模式。这些动物可以吃掉水稻身上的害虫和周边的杂草，排出的粪便可以让土壤更加肥沃，游动时还能松土增氧。因此，这种农业生态系统既可以获得水稻和水产品的双丰收，又可以有效减少化肥、农药的使用，保护生态环境。

◆ 稻鸭共生

稻田鸭生活在无污染的稻田中，吃害虫和杂草长大，肉质比普通家鸭更加鲜嫩。稻鸭共生在中国分布广泛，江苏、湖南、浙江、安徽等地区最先开展。

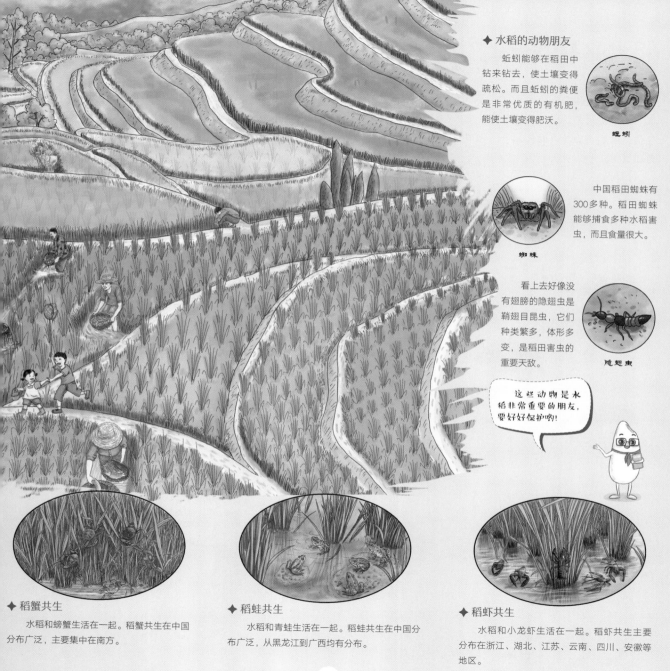

◆ 水稻的动物朋友

蚯蚓能够在稻田中钻来钻去，使土壤变得疏松。而且蚯蚓的粪便是非常优质的有机肥，能使土壤变得肥沃。

蚯蚓

中国稻田蜘蛛有300多种。稻田蜘蛛能够捕食多种水稻害虫，而且食量很大。

蜘蛛

看上去好像没有翅膀的隐翅虫是鞘翅目昆虫，它们种类繁多，体形多变，是稻田害虫的重要天敌。

隐翅虫

这些动物是水稻非常重要的朋友，要好好保护哟!

◆ 稻蟹共生

水稻和螃蟹生活在一起。稻蟹共生在中国分布广泛，主要集中在南方。

◆ 稻蛙共生

水稻和青蛙生活在一起。稻蛙共生在中国分布广泛，从黑龙江到广西均有分布。

◆ 稻虾共生

水稻和小龙虾生活在一起。稻虾共生主要分布在浙江、湖北、江苏、云南、四川、安徽等地区。

探秘现代稻谷加工

稻谷变成白花花的大米，需要脱掉两层"衣服"。在古代，农民使用砻、臼、风谷车等传统农具给稻谷去壳。到了现代，农民用上了自动化、一体化的稻谷加工设备，省时省力还卫生。

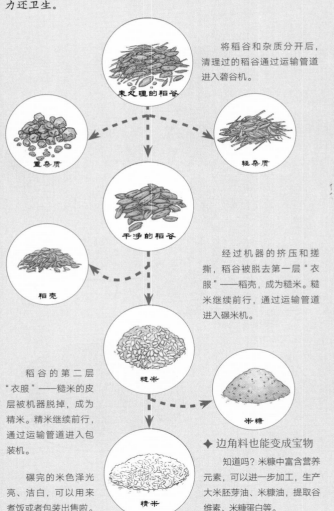

未处理的稻谷

将稻谷和杂质分开后，清理过的稻谷通过运输管道进入砻谷机。

重杂质

轻杂质

干净的稻谷

经过机器的挤压和搓撕，稻谷被脱去第一层"衣服"——稻壳，成为糙米。糙米继续前行，通过运输管道进入碾米机。

稻壳

糙米

米糠

稻谷的第二层"衣服"——糙米的皮层被机器脱掉，成为精米。精米继续前行，通过运输管道进入包装机。

碾完的米色泽光亮、洁白，可以用来煮饭或者包装出售啦。

精米

◆ 边角料也能变成宝物

知道吗？米糠中富含营养元素，可以进一步加工，生产大米胚芽油、米糠油，提取谷维素、米糠蛋白等。

包装好的大

稻谷清理

啊，这个地方我记得！就是这些机器把我从稻谷变成大米的。这个是振动筛，那个是砻谷机，还有碾米机……

砻谷机

碾米机

包装

运输管道

这些大大小小的管道将加工厂的机器连通起来，在气流的帮助下，稻谷可以自动地通过管道输送到机器中。

科技感满满的
大国粮仓

粮仓承担着保障国家粮食安全的使命。中国现在的粮食库存充足，离不开遍布全国各地、大大小小的粮仓。进入新时代，粮仓用上了各种酷炫的高科技，可以24小时无死角远程监控每一粒粮食的状态，保持每一粒粮食的新鲜度，保证其营养价值。

◆ 储粮"黑科技"

中国的储粮技术世界领先，能够将粮食的保质期延长至3～4年，而且品质和新粮几乎没有差别。低温存储、智能通风、粮情监测等储粮技术，能够将粮仓变成大冰箱，保持内部温度低于15℃，还能精准控温，哪里温度升高，就把冷气吹到哪儿，不让粮食变质，不给害虫繁殖留机会。

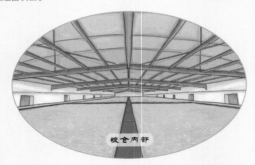

粮仓内部

这是粮仓的里面。你可不要以为这些粮食只有表面薄薄一层。粮仓有6米深，能存放超6000吨的粮食！

◆ 粮食运输

2020年中国粮食总产量66949万吨，其中稻谷产量21186万吨。为了让这么多的粮食在全国各地、各个环节高效流通，各式各样的运输工具各显神通。

粮食集装箱列车

平房式粮仓

散装粮食运输车

买米去喽

在古代，大米的集中交易形成了米市，中国历史上的四大米市——长沙、无锡、芜湖和九江，都在长江沿线，交通便利、商贸发达。古代家庭也习惯在水稻丰收后囤一些稻谷或者大米。现代物流业的充分发展使得大米的交易非常便捷，很多家庭已经没有了囤米的习惯，而是前往超市选购大米，随吃随买。小米粒来到位于市中心的超市，看到有好几十种大米供人们挑选。

农村集市

农村集市是农民买米的主要渠道之一，是一种历史悠久的商品交易方式，它在秦汉时期已存在，并延续至今。农民家中的稻米不仅可以卖给粮食局，也可以在集市上自由贸易。

随着科技的发展，电子商务成为一条买米新渠道，人在家中坐，就能通过互联网，买到全国各地的大米。

电商买米

电商服务中心

◆ 如何分辨优劣大米

一看：先看色泽是否清白、有光泽、半透明，再看米粒是否大小均匀、丰满，无虫，无杂质。

二摸：新米光滑，手摸有凉爽感；陈米色暗，手摸有涩感；严重变质的米，手捻易成粉状或易碎。

三闻：取上少量大米，放在手心，搓热大米，闻一闻是否具有正常的米香味。

四尝：取几粒大米放入口中细嚼。优质大米口味佳，有丝丝甜味，没有任何异味。

大米营养乐园

　　稻米营养价值比较高，含有碳水化合物、蛋白质、脂肪、矿物质、维生素等多种营养成分，这些营养成分各自发挥作用，就像朋友一样在大米营养乐园里"和谐相处"。可惜的是，大米加工的精度越高，营养价值就越低，这是因为加工稻谷时，糙米的胚和皮层被脱掉了，而稻谷的很多营养成分都分布在糙米的胚和皮层中。

碳水化合物

　　稻米中含量最高的营养物质，一般能达到65%，甚至更高。吃米饭就是在吃碳水化合物，这是补充能量的重要来源。稻米的碳水化合物主要由淀粉组成，而淀粉又分为支链淀粉和直链淀粉，支链淀粉含量高的稻米黏性更高，例如糯米。

矿物质

　　矿物质又称无机盐，大米中的矿物质主要有钾、镁等。

蛋白质

　　含量一般为6%～10%。和鸡蛋、牛奶中的蛋白质不同，大米中的蛋白质是植物蛋白。

其他

　　糙米的胚和皮层中还包含了脂肪、维生素、膳食纤维等其他对人体非常重要的营养元素。

◆ 影响大米营养价值的因素

　　首先是加工方式，大米的精度越高，营养越低；其次是烹饪方法，很多营养元素会在水里溶解，因此，淘米次数多、搓洗时间长都会造成大米营养的损失；最后是大米的保存方法，大米可是有保质期的，存放不当就会损失营养，甚至变质。

淀粉旋转秋千

欢迎大家来到大米营养乐园！

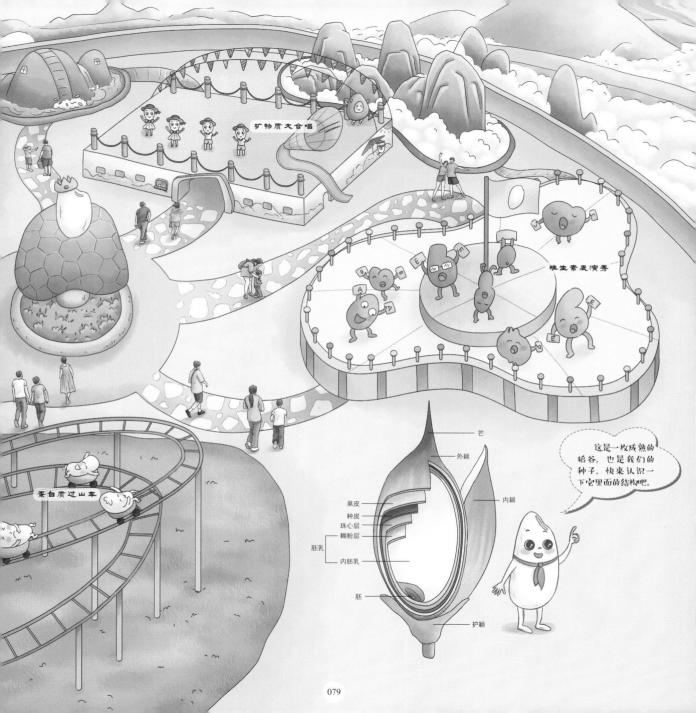

天南海北的米食

人类栽培稻谷以后，五花八门的米食相继出现。除了米饭和白粥外，大米还可以做成其他多种类型的美食：有的被磨成粉再加工成米线、米粉，有的被直接加工成糕点或小吃，还有的被酿成米酒。

◆ 世界粮食日

每年的10月16日为世界粮食日，由联合国粮食及农业组织大会确定，自1981年开始施行。节日的宗旨在于唤起人类对发展粮食和农业生产的高度重视。自古以来，中华民族一直提倡节约粮食、杜绝浪费的传统美德，流传下来很多相关的警句。

悯农·其二

【唐】李绅

锄禾日当午，
汗滴禾下土。
谁知盘中餐，
粒粒皆辛苦。

道千乘之国，敬事而信，节用而爱人，使民以时。
——《论语》

一粥一饭，当思来之不易；半丝半缕，恒念物力维艰。
——《朱子家训》

众人皆以奢靡为荣，吾心独以俭素为美。
——【宋】司马光

各族人民喜迎丰收

    几乎所有的人类文明都对粮食奉若神明，将其看成生命之源，而以稻为主角的祈祷、庆祝丰收的节日更是丰富多彩，比如壮族的蚂拐节、畲族的丰收节、白族的开镰节等。人们敲锣打鼓、唱歌跳舞、走村串寨、宴请宾客，每一个地方都洋溢着节日的喜庆。

蚂拐节

朝鲜族

壮族

白族

◆ 秋夕节

　　农历八月十五是中国朝鲜族的秋夕节。这日，人们首先要祭祖扫墓，然后宰牛备酒，用刚收获的新米制作美味的打糕和松饼，大家还会穿戴传统服饰，举行荡秋千、玩跳板、摔跤等民俗活动，一起歌舞，欢庆丰收。

◆ 尝新节

　　在田间打好新糯米，将其炒熟、晒干，一部分蒸制成彩色糯米饭，一部分包成三角粽子，邀约亲朋，同享丰收喜悦。

◆ 开镰节

　　仲秋时节，农家要从田中选摘少许即将成熟的稻穗带回家，煮新米饭，杀鸡宰鸭，举行家宴。先将新米饭、菜品供天地、祭祖先，再将新米饭给狗喂食，然后按家中长幼次序品尝新米饭。

◆ 蚂拐节

　　每到中国农历新年，广西壮族自治区西部的壮族村民会庆祝一个重要节日——蚂拐节。蚂拐是当地方言中对青蛙的俗称。在当地人心中，掌管风雨、左右丰收的是青蛙女神。蚂拐节是他们祈祷丰收的重要节日，关系着明年的收成。

好热闹啊！他们在做什么呀？

我们的丰收节

中国以农立国，自古以来就有庆五谷丰登、盼国泰民安的传统。我国自2018年起，将每年秋分设为"中国农民丰收节"。从此，中国亿万农民有了共同的节日。这一天，经过一年的辛勤耕耘，农民带着秋收的累累硕果迎丰收、晒丰收、庆丰收，欢庆自己的节日。

庆丰收 迎盛会
2022年中国农民丰收节

庆丰收 感党恩
2021年中国农民丰收节

庆丰收 迎小康
2020年中国农民丰收节

中国
国农民丰收节

大国粮仓

电商直播

普法馆

踩高跷

花模展台

农民写楹联

085

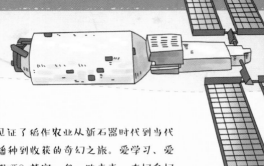

亲爱的小读者：

在今天的旅程中，我们穿越历史长河，见证了稻作农业从新石器时代到当代的发展历程；跨越时空距离，经历了稻谷从播种到收获的奇幻之旅。爱学习、爱探索的你一定很开心吧，是不是也有很多感想呀？其实，我一路走来，有好多好多的心愿和梦想，压在心底。

我的第一个心愿是人与自然一定要和谐相处。自然孕育了万物，万物为人类提供了生存保障。人与自然是平等、友好的伙伴，当人类合理利用、友好保护自然时，自然的回报常常是慷慨的。就像稻谷一样，诞生于自然，经过人类的合理利用，被人类驯化成栽培稻，造福万代。

我的第二个心愿是一定要保护好耕地。耕地是谷物的家，也是人类赖以生存的命脉，是兴国安邦的基石，是宝贵的、稀缺的不可再生资源。如果耕地不在，那谷物和人类都将失去家园。现在，中国采用了世界上最严格的耕地保护制度，一定能保住我们的家园。

我的第三个心愿是保障国家粮食安全。我曾经在书上看到过一个问题——谁来养活中国人？我想我知道答案——中国人养活中国人。我是中国粮，中国人的饭碗里要装中国粮，任何时候饭碗都要牢牢端在自己手中。

我的第四个心愿是每个人都能丰衣足食。数千年来，脱贫致富一直是中华儿女梦寐以求的期盼。但是，一朝又一朝的历史中，一代又一代的人胼手胝足，也没有让人民群众真正实现丰衣足食，直到中国共产党的出现。百年时光中，中国人民在共产党的领导下，从"吃不饱"，变成"吃得饱"，还要"吃得好"，餐

桌丰富了，农家丰收了，中国丰登了！

　　小朋友可能会觉得奇怪：为什么要听我讲这些"高大上"的想法？因为你们是祖国新时代的创造者啊，是新征程的践行者啊，是建设社会主义现代化强国的生力军！你们诞生在 21 世纪，见证了中国实现第一个百年奋斗目标——全面建成小康社会。在中国共产党领导的百年光辉历程中，小米粒的 4 个心愿渐渐变成现实。

　　不过，梦想的实现并不是终点，而是下一个梦想的起点。我听说，实施粮食安全战略已经被纳入国家的"十四五"规划，这是中国首次将实施粮食安全战略纳入五年规划。增强粮食综合生产能力、确保口粮绝对安全、谷物基本自给、重要农副产品供应充足，深入实施藏粮于地、藏粮于技战略，严守耕地红线和永久基本农田控制线……这一系列政策的实施，必将保障中国粮食安全持续长久，全面推进乡村振兴战略稳步向前。而你们，也要为实现中华民族伟大复兴的中国梦时刻准备着。

　　在接下来的日子里，我或身在田间陪着稻米成长，或跑到你家的米缸中睡上一大觉，或来到农民丰收节的现场舞上一曲，春雷、夏雨、秋光、冬雪的四季轮转中，我将一直陪伴着你。

你们的好朋友：小米粒

2022 年 9 月 23 日

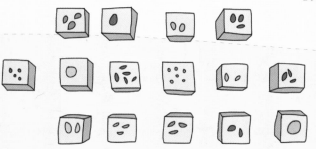